日本のロボット

くらしの中の先端技術

監修・奥村 悠
（千葉工業大学未来ロボット技術研究センター）

日本のロボット くらしの中の先端技術 もくじ

この本に出てくるロボット用語 ……… 4

第1章 ロボットってなに？

 ロボットってなんだろう？ ……… 6

- ロボットの歩み
- ロボットってどういうもの？
- ロボットの役割とは？
- ロボットはこんな分野で活躍している

 新しい時代をつくった日本のロボットたち ……… 12

川崎ユニメート 2000 ……… 12
WABOT-1 ……… 13
テムザックIV号機 ……… 13
ASIMO ……… 14
aibo ……… 16
パロ ……… 18
トヨタパートナーロボット ……… 19
ルンバ ……… 20
ムラタセイサク君® ……… 21
Robi ……… 22
ニコット／ナビィ ……… 23
Quince ……… 24
T-53 援竜 ……… 25
HRP-4C【未夢】……… 26

第2章　いろいろな分野で活躍するロボットたち

1 コミュニケーションするロボットたち

Pepper …… 28
EMIEW3 …… 29
NAO …… 30
RoBoHoN …… 31
PALRO …… 32
Sota …… 33
KIROBO mini …… 33

2 工場ではたらくロボットたち

MOTOMAN-AR1440 …… 34
MOTOMAN-SDA10D …… 34
MOTOMAN-HC10 …… 35

3 人を楽しませるロボットたち

アクトロイド® DER2 …… 36
変なカフェ …… 37

4 掃除をするロボットたち

RULO …… 38
ブラーバ380j …… 39
ザリガニくん …… 39

5 警備をするロボットたち

Reborg-X …… 40
T-63 アルテミス …… 41
セコムロボットX2／X3 …… 41

6 災害現場で活躍するロボットたち

ロボキュー …… 42
ドラゴン …… 43
櫻弐號 …… 43

7 医療・福祉に役立つロボットたち

da Vinci …… 44
HOSPI …… 45
HAL®【腰タイプ介護支援用】 …… 46
マイスプーン …… 46
T-HR3 …… 47
ウェルウォーク WW-1000 …… 48

第3章　どうなる？　未来のロボット、そしてAI

どうなる？　未来のロボット ……… 50

- 人間のサッカーチャンピオンに勝つ
- 人のくらしに役立つこと
- 乗り物か？　甲虫か？　野生動物か？
- まるで「機械生命体」
- 2つのモードで生活を変える
- fuRoが思い描く未来のロボット

AIってなんだろう？ ……… 56

ロボット開発の歩み ……… 60　　さくいん ……… 62

この本に出てくるロボット用語

クラウド

インターネットなどのネットワークを通じて、アプリケーションやデータベース、画像や映像などをいつでも引き出せるようにしたサービスのことをいいます。パソコンやスマートフォンの端末に大きなデータを保存しておく必要がないため、とても便利なサービスです。AI（⇒ P56）を搭載したロボットは、クラウドを通じて常に新しい情報を得たり、提供したりして成長するものもあります。

▲クラウドのイメージ。

クローラ

ロボットや車両が荒れ地を進めるように、車輪にまきつける金属やゴムのベルトです。がれきにおおわれた災害地を進んだり、人が近づくことができない建物の階段を上り下りするときにとても役に立ちます。自分にまきつけたレール上をかぎりなく進むという意味で、「無限軌道」と呼ばれます。また「キャタピラー」ともいいます。

▲階段の上り下りが得意な Quince（⇒ P24）。本体の2つと合わせて6つのクローラを身につけています。

センサ／センサー

音や光、熱やさわったときの感触など、さまざまな感覚的な情報を得る装置です。人間の五感に相当するものです。ソニーのペット型ロボット aibo は、飼い主がさわることの多い、あごや背中などに、多くのセンサを持っています。センサを通じて、自分がかわいがられていることを学習し、よろこびを表現するようになります。

▶ソニーの aibo。あごや背中のほかに肉球にもセンサがあります。

ヒューマノイド（ロボット）

人間の形に似せたロボットです。Honda の ASIMO などの二足歩行型が代表的で、ロボカップサッカーの標準機 NAO や卓上型の小さな PALRO なども含みます。また、ソフトバンクの Pepper のように車輪で走行するロボットもヒューマノイドのひとつです。

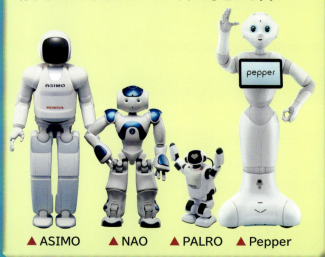
▲ASIMO　▲NAO　▲PALRO　▲Pepper

第1章 ロボットってなに？

ロボットってなんだろう？

　少子高齢化、生産年齢人口の減少が確実に進行していくなか、いまロボット技術がかつてないほど注目されています。いろいろな分野で、人手不足の解消、過酷な労働からの解放、そして生産性の向上などの問題を解決する手だてとしてRT（ロボットテクノロジー）への期待が高まっているのです。日本の政府は、2020年のロボット市場を現在の数倍の規模に押し上げる「ロボット新戦略」を打ち出し、ロボット革命を起こそうとしています。

　日本はこれまで産業ロボットの分野で世界をリードしてきました。これからは生産の現場だけでなく、サービス分野やコミュニケーションの手段としてもロボットはますます私たちの身近な存在になってくるでしょう。

　ここでは、そんなロボットについて改めて考えてみましょう。

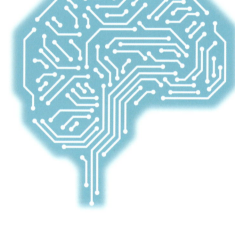

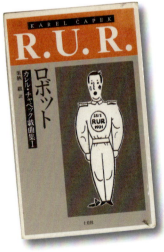

▲カレル・チャペックの『ロボット（R.U.R.）』。人間の代わりに重労働をさせていたロボットたちがやがて人間に立ち向かいます。

ロボットの歩み

　「ロボット」という言葉が歴史上初めて登場したのは、現在のチェコといわれています。「強制的な労働」を意味するチェコ語「robota」が、その起源といわれています。『山椒魚戦争』などで知られるチェコの劇作家カレル・チャペックが、人造人間たちの反乱を描いた『ロボット（R.U.R.）』（1920

年）の中で使われ、これがきっかけで「ロボット」という言葉が世界に広まったことはよく知られています。

ロボットのはじまりは、18世紀のヨーロッパでさかんにつくられた、ぜんまいの力を使ったからくり人形（オートマタ）あたりといわれます。日本でも江戸時代に、歯車の動きを使って、からくりの茶運び人形や弓引き人形、文字書き人形などがつくられていました。

1928（昭和3）年、昭和天皇即位を記念した展覧会で発表された學天則は、ペンを持った手を動かしたり、表情を変えたりすることができ、東洋初のロボットといわれて人気を博しました。

しかし、これらは人を驚かせたり、楽しませたりするためだけのもので、実際に人のくらしに役立つロボットが登場するのは、まだまだ先のことでした。

▲19世紀前半のイギリスのオートマタ。頭や目が動くほか、ペンで文字を書くことができました。

▲江戸時代の日本の茶運び人形。客が茶碗をとると、動きが止まり、飲み終わった茶碗をおぼんにおくと、元の場所まで戻ります。

◀東洋初のロボットといわれる學天則（大阪市立科学館によって復元されたもの）。写真提供／大阪市立科学館

最初の産業ロボットが生まれたのは1960年代のアメリカです。コンピューターによって腕（アーム）を動かし、工業製品を生産するという新しい技術は、数年後に日本にも導入され、1969年に国産初の産業用ロボット、川崎ユニメート2000（⇒P12）が誕生しました。人間の代わりに重労働を休みなく続けるロボットは、その後の産業発展に大きく貢献します。

　人型のロボットを思い通りに操る……。アニメの世界で早くから描かれていたこの人類の夢は、1973年に日本で実現に向けての第一歩がしるされました。早稲田大学が開発したWABOT-1は、一歩に数秒かかったものの、知能を持つ世界初の二足歩行ロボットとして、大きな足跡を残しました。

　その後、日本の二足歩行ロボットは、HondaのASIMOにより大きく前進しました。人間に近い歩き方はもちろん、軽快に走ることもでき、人間とのコミュニケーションもより多彩になりました。今日ではより小型の二足歩行ロボットが生まれてきています。

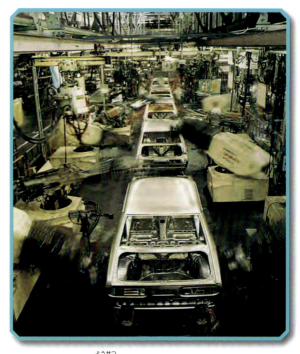

▲自動車工場で溶接の作業を休みなく続ける川崎ユニメート（1975年ごろ）。

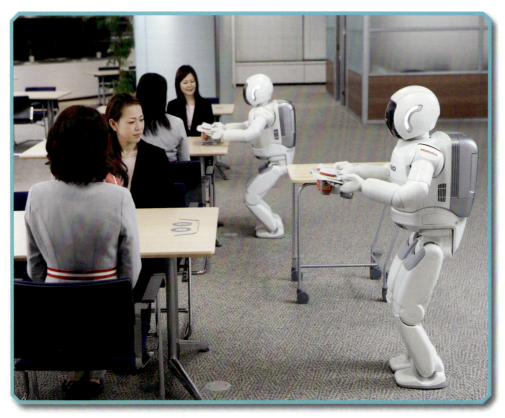

◀効率的な作業分担を自分で考えて行動できるようになったASIMO(2007年)。

ロボットってどういうもの？

みなさんは「ロボット」と聞いて、どんな姿かたちで、どんなはたらきをする場面を思い浮かべるでしょうか？

実は、「ロボットとは何か」というのを一言で表すのは、とても難しいことです。多くの人が思い描くであろう人型のヒューマノイドはもちろん、たくさんのアームがせわしく動く産業機械や、人の体に装着するスーツ型のものもロボットのひとつです。もっと広くとらえて、エレベーターやデジタルカメラなどもロボットに含まれるという考え方もあります。

新エネルギー・産業技術総合開発機構では、ロボットを「センサー、知能・制御系、駆動系の3つの要素技術を有する、知能化した機械システム」と定義しています。わかりやすく言うと、センサやカメラなどから得た情報に基づいて、自分で考え、コントロールし、そして動く、このすべてができる知能が進んだ機械やシステムということになります。

つまり、ロボットとは、具体的な姿かたちが問題ではなく、「ある目的のために高度で自律的な作業をする機械」と考えてみるほうが分かりやすいかもしれません。

ロボットは大きく、「産業型」と「非産業型」の2つに分けられます。

産業型は、与えられた作業を確実かつ効率的にこなすことが求められるものです。工場の溶接や塗装、組み立て、検品などが代表的です。

これに対して非産業型は「次世代ロボット」や「サービスロボット」とも呼ばれ、人とコミュニケーションをとりながら自律的に考えて動作をおこすロボットです。家庭や公共の場所など、人間と同じ動作空間ではたらき、センサで人の動きを認識したり、人の好みを覚えたりすることもあります。

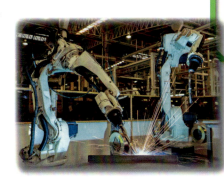

産業型ロボット

● すばやく複雑な動きをする溶接ロボットは産業型の代表。

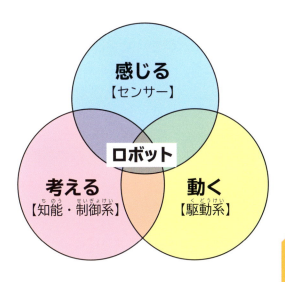

非産業型ロボット

● 案内、外国語の通訳などをこなす日立製作所のEMIEW3。次世代をになうサービスロボットとして期待されています。

ロボットの役割とは？

いま世界的にロボット化の波が押し寄せてきています。なぜロボットが、わたしたちのくらしに欠かせないものになってきているのでしょうか。ロボットがどんな分野で、どんな役割をになっているのか見てみましょう。

労働力を安定させる

人間は労働したら休む必要があります。しかしロボットなら24時間でも働き続けることができます。三交代制も必要なく、労働力が大きくアップします。

品質を安定させる

溶接や塗装などでは作業者の作業の質や作業量に差が出やすくなります。これがロボットなら長時間稼働しても、安定した品質が得られます。またミスを防ぐことにもつながります。

人件費を低減する

ロボットの導入で一時的に費用が増すものの、結果的には費用の低減につながります。

危険な場所で作業を行う

人間には危険な、災害地や宇宙空間、強い放射線が発生するような場所でも、遠隔操作などによって活動ができます。

人間の能力を補う

介護の現場などで、人間の能力では持続できないことを補うことができます。

作業を代行する
施設の案内をしたり、家庭の掃除をしたり、外国語を翻訳したりするなど、人間が行うことを代行します。

人をなごませ、楽しませる
対話をしたり、相手のことを認識してコミュニケーションしたり、感情を表したりします。

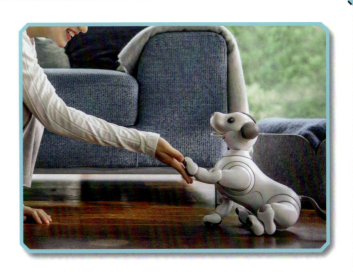

ロボットはこんな分野で活躍している

施設
・受付・案内
・運搬・対話など

工場
・溶接・塗装
・組み立て・検品など

会社
・清掃・運搬
・警備など

医療
・遠隔治療
・補助・癒しなど

家庭
・娯楽・学習
・家事代行など

局地*
・救助・支援
・調査・清掃など

＊局地とは、一定の限られた地域などを指します。

新しい時代をつくった日本のロボットたち

ここでは、ロボット開発の歴史の中で、実際に日本で開発され、いろいろな分野でエポックをきずいてきたロボットたちを紹介していきます。

新しい時代をつくったロボットたち ①

国産初の産業ロボット 川崎ユニメート2000

1969年に川崎重工がつくった、日本で初めての産業用ロボットです。自動車工場の溶接や塗装、組み立てなどの作業用に大量につくられ、自動車工業の生産性と品質の向上に大きく貢献しました。今日の日本のロボット産業へと続くさきがけとなりました。

◀本格的に自動車工場の生産ラインに導入された川崎ユニメート。1日15時間〜20時間も正確に働き続けました。

協力／川崎重工業株式会社

新しい時代をつくったロボットたち 2

世界初の人間型の知能ロボット
WABOT-1 【ワボット-ワン】

早稲田大学の研究チームが開発した、世界で初めての人間型の知能ロボット。人間と簡単な会話ができ、人工の耳と目で対象物を認識するほか、両手でものをつかんで運ぶこともできる、二足歩行型ロボットでした。

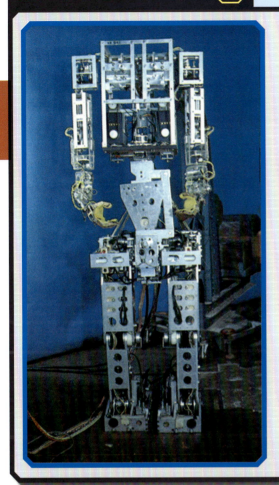

DATA FILE
- デビュー　1973年
- 高さ　　　200cm
- 重さ　　　130kg

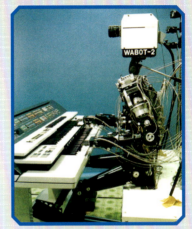

▲1984年に発表されたWABOT-2。楽譜を認識して楽器を演奏できるようになりました。

協力／早稲田大学ヒューマノイド研究所

新しい時代をつくったロボットたち 3

遠隔操作で自在に動く
テムザックⅣ号機

遠隔操作によって遠くから動きをコントロールする人間型ロボットです。地球の裏側からも操作できました。手を上げ下げして回転するなど、ダンスも得意。持ち運びが簡単で、イベント会場などで活躍しました。

DATA FILE
- デビュー　1999年
- 高さ　　　120cm
- 重さ　　　100kg

◀27個の自由度（動く関節）を持ち、握手のような動きもなめらか。

協力／株式会社テムザック

新しい時代をつくったロボットたち ❹

自分で動き、ものごとを認識する人型ロボット
ASIMO 【アシモ】

　世界で初めて、自分自身で二足歩行をすることができるようになった画期的な人型ロボットです。なめらかに歩くことはもちろん、時速9kmという速さで走ったり、旋回したり、ときにはダンスのような複雑な動きもします。また認識能力がとても高く、簡単な会話をしたり、人の動きに合わせた反応をしたりします。紙コップを手に持ったり、人と握手をしたりするのもお手のもの。複数台で連携してお客さんにお茶を出すなどの、高い知能が必要な作業もこなします。

★名前の由来……Advanced（新しい） Step（ステップ） in Innovative（革新的な） Mobility（モビリティ：動くもの）

ここがすごい！❶
かろやかな足技

　ASIMOはなめらかに歩くだけでなく、体のバランスをとりながら、多彩な足技を披露します。

▼ボールを相手に向かってけることができます。

◀片足とびをすることができます。

▲2011年に登場したもっとも新しいASIMO。

◀時速9kmですばやく走ります。まるで人が走るように、両足が地面から離れる瞬間もうまく体のバランスを保ちます。

DATA FILE
- デビュー　2000年
- 高さ　　　130cm（2005年〜）
- 重さ　　　48kg

ここがすごい！2

高い知的能力・運動能力

手の先や指にあるセンサーでものを検知し、複雑な動きをするほか、指先も細かくコントロールされています。認識能力も向上し、人の動きを検知してよけたり、複数の人を認識したりすることができます。

▲複雑な動きが必要な手話も、上手にこなします。

▲ペットボトルのふたをあけ、手に持った紙コップにお茶を上手に注ぎます。

▼3人を区別して認識し、同時に会話をすることができます。

ASIMO はこう進化した！

Honda の二足歩行ロボットは、一歩に5秒もかかった E0 から始まり、すばやい走行ができる最新の ASIMO まで進化してきました。

E0（1986年）
足を交互に出す歩行

E1・E2・E3（1987～1991年）
人間と同じような歩行を確立

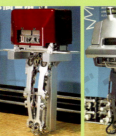

E4・E5・E6（1991～1993年）
なめらかに自律歩行

P1（1993年）
上半身・腕ができる

P2（1996年）
初めて人型に。階段の上り下りも

P3（1997年）
小型軽量化

ASIMO（2000年）
実用化された初代

ASIMO（2005年）
人に合わせた動きが可能に

ASIMO（2007年）
複数体が連携・自分で充電

協力／本田技研工業株式会社

新しい時代をつくったロボットたち ⑤

家庭用として初めて販売された
人間とともにくらす動物型ロボット

aibo 【アイボ】

　ソニーが開発した、動物型の四足歩行ロボットです。人間の生活の中に取りこんだ家庭向けのロボットとして、1999年に初代AIBOが登場しました。自分で歩き、頭やしっぽで感情を表現するほか、人とのコミュニケーションを通じて、学習・成長するロボットでした。

　2018年に登場した最新型のaiboは、丸みをおびた、生命感があふれるかわいらしい外観になりました。人がかわいがってくれることを感じとり、いろいろな方法で感情を表現します。ひとみをくるくると動かしたり、なき声を出したり、首をかしげたり。耳やしっぽの動きでも、よろこびを表します。

　また、人やまわりの環境に慣れ、どんどん成長していくのも特徴のひとつ。育て方によって個性が生まれ、ほんとうのペットのような存在になっていきます。

★名前の由来……Artificial Intelligence roBOt（人工知能ロボット）の略で、日本語の「相棒」にもちなんでいます。

▲2018年1月に登場したもっとも新しいaibo。

aiboのカメラとセンサ

- **画像認識カメラ**：飼い主の表情を読み取り、撮影する
- **タッチセンサー**：頭や背中をなでられたことを感じる
- **SLAMカメラ**：空間を認識して地図化する
- **タッチセンサー**：あごをなでられたことを感じる
- **人感センサー**：人などの接近を感じる
- **肉球センサー**

ここがすごい！①

周囲の状況を把握して行動

　最新のaiboには2台のカメラと数多くのセンサがついています。人間の接近や、体をなでられたことを感じるほか、まわりの環境を常に把握して行動します。部屋の大きさや障害物の位置などを一度インプットすると、その環境に慣れ親しみ、より行動範囲をひろげます。

DATA FILE（初代）
- ■デビュー　1999年
- ■高さ　26.6cm
- ■重さ　1.6kg

ここがすごい！②

人に会うたびに成長

好奇心を持つaiboは複数の顔を認識し、ひとりひとりのことを覚えます。やさしくしてくれた人には自分から近よっていくなど、環境や人に会うことによって、日々成長します。また、クラウド（⇒P4）につながることにより、ほかのaiboたちが学んだことも共有できます。

▲人に教わることにより、いろいろなしぐさやふるまいを覚えていきます。

aiboはこう進化した！

ソニーのaiboは、メタリックなデザインや、かわいらしくユニークなデザインのものまで、初代のAIBOからいろいろに変化してきました。

初代AIBO
ERS-110（1999年）

かわいらしいデザインに変身。愛称「ラッテ」と「マカロン」
ERS-311/312（2001年）

メカニックなデザインに変身
ERS-220（2001年）

パグ犬のようなユニークなデザイン
ERS-31L（2002年）

高度な画像認識と表現力を実現
ERS-7（2003年）

協力／ソニー株式会社

新しい時代をつくったロボットたち ⑥

人の心をいやすアザラシ型ロボット
パロ

　タテゴトアザラシの赤ちゃんの形をして、人工の毛でおおわれた柔らかいロボットです。なでたり、抱いたり、かわいがったりすると、まるで本物の生きもののようによろこびを表します。また、自分につけられた名前を覚え、呼ばれると反応をするようになります。

　このような反応は、相手に安らぎをもたらす効果があるため、「世界でもっともセラピー効果があるロボット」としてギネス世界記録に認定されています。世界からも注目されるこのロボットは、2011年3月の東日本大震災で、多くの避難所に送られ、被災者たちの精神面での支えとなりました。

DATA FILE
- デビュー　2004年
- 長さ　　　57cm
- 重さ　　　およそ2.7kg

◀お年よりの施設で活躍するパロ。動物とのふれあいで、感情や意欲に改善をもたらす「アニマルセラピー」という療法がありますが、このパロも同じような効果があると期待されています。

協力／産業技術総合研究所

新しい時代をつくったロボットたち 7

なめらかに楽器を演奏する
トヨタパートナーロボット

　自動車メーカーのトヨタが開発した人間型のロボットです。ロボットハンドが人の手のように動き、トランペットを上手に演奏します。やさしく繊細な楽器の演奏を再現するために、人工の唇が開発されました。福祉やアシスタントなどの分野での活躍を期待してつくられました。

◀場所をとらずに、すばやく移動できる形として、二輪走行型も同時に発表されました。

DATA FILE
- デビュー　2004年
- 高さ　　　120cm
- 重さ　　　35kg（本体）

　また、2007年には、バイオリン演奏型が発表されました。人と同じように弓をあやつり、力加減の調節ができるほか、左手を使ってビブラート（伸ばした音を細かくふるわせること）をかけることもできました。これは人を楽しませるだけでなく、家庭での家事の支援などを念頭において開発されたものです。

協力／トヨタ自動車株式会社

新しい時代をつくったロボットたち 8

自分で考えて清掃する
ルンバ

電源を入れると、自分で動いて床面の掃除をするロボットです。障害物にぶつかったり、進行方向に段差があったりすると、自分で方向を変えながら動きます。初めて家庭のくらしの中に入ってきた画期的なロボットといえます。

ルンバは年を追うごとに進化を続け、自分で部屋の大きさを把握したり、自分で判断して充電をすることもできるようになりました。

▲2002年に最初に登場したルンバ。部屋の大きさを指定するS・M・Lのボタンがついていました。

DATA FILE
- デビュー　2002年
- 直径　　　35cm
- 重さ　　　およそ3.8kg

▶日本でも爆発的に売れたルンバ500シリーズ。バッテリー残量が少なくなると、自分で充電器にもどることができるようになりました。

◀最新型ルンバ900シリーズ。スマホやタブレットから遠隔操作できるほか、専用アプリを入れれば、スマートスピーカーに話しかけてコントロールすることもできます。

協力／アイロボットジャパン合同会社

新しい時代をつくったロボットたち 9

バランスよく自転車乗り
ムラタセイサク君®

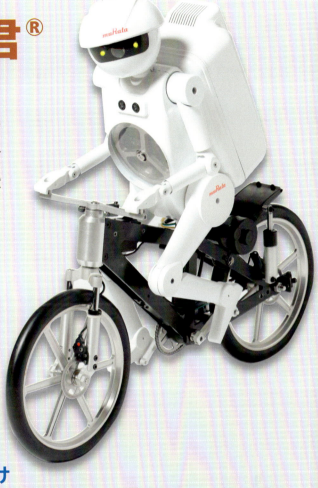

　2005年に登場して注目を浴びた、自転車をこぐロボットです。補助輪があるわけではないのに、ゆっくりしたスピードでこいでも、その場で静止してもたおれることがありません。障害物を感知して、手前で止まる機能もあります。
　また、25度の傾斜を上ったり、幅2cmの平均台走行、S字カーブを進む離れ業も得意です。

▲坂道をゆっくり上るムラタセイサク君®。

▲幅わずか2cmの平均台の上をバランスよく走るムラタセイサク君®。

ムラタセイサク君®がたおれないわけ

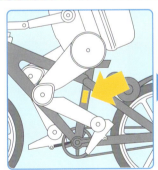 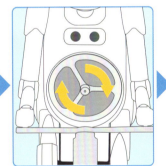 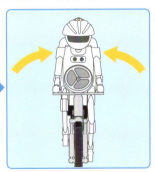

ひみつはサドルの下にあるジャイロセンサ。このセンサでわずかな車体の傾きを検出すると、胸にある円盤（フライホイール）を回し、傾きを打ち消す力を発生させてバランスをとります。

DATA FILE
- デビュー　2005年
- 高さ　　　50cm
- 重さ　　　およそ5kg

◀こちらは2008年にデビューしたムラタセイコちゃん®。たおれずに一輪車を上手に乗りこなします。平均台乗りも得意。

協力／株式会社村田製作所

新しい時代をつくったロボットたち ⑩

家庭で組み立てられるロボット
Robi【ロビ】

　ロボットクリエイターの高橋智隆さんがデザイン・設計した小型の二足歩行ロボットです。デアゴスティーニ・ジャパンから、毎号付属されるパーツを組み立ててRobiを完成させる「週刊ロビ」が発行されたことで、家庭で組み立てることができるロボットとして話題になりました。

　Robiは中腰にならずになめらかに歩くことができ、ダンスも得意。また200以上のことばを理解し、身ぶり手ぶりや目の色で感情を表現するなど、コミュニケーションロボットとしても活躍しました。

◀2017年にデビューしたRobi2。家族の顔と名前を覚えたり、記念日や大切な日を教えてくれるなど、コミュニケーション能力がよりアップしています。また、絵本の読み聞かせをすることもできます。

DATA FILE
- デビュー　2013年
- 高さ　　　34cm
- 重さ　　　およそ1kg

▲2013年登場のRobi（左）と2017年にデビューしたRobi2。いっしょにおしゃべりやダンスをすることもできます。

協力／株式会社デアゴスティーニ・ジャパン

新しい時代をつくったロボットたち⑪

世界で初めて病院に配備
ニコット／ナビィ

病院の受付と案内を分担して行うロボットで、病院でも親しみが持てるようにネコのすがたをイメージした外観になっていました。世界で初めて、福島県会津若松市にある会津中央病院に配備されました。

受付ロボット・ニコットは病院への来客を出迎える役。タッチパネルで目的地までの道順などを示すほか、音声に対応する機能もあり、会津弁での応対もできました。

案内ロボットはナビィ2台が活躍しました。来院した人をエレベーターまで案内するのが仕事。来客の荷物を持ったり、来客の血管年齢を測ったりすることもできました。

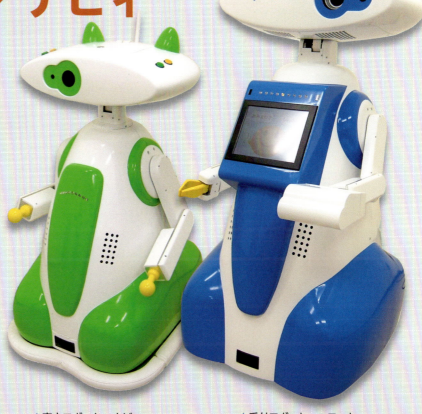
▲案内ロボット・ナビィ　　▲受付ロボット・ニコット

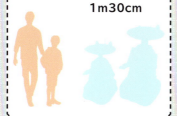

DATA FILE
■デビュー　2006年
■高さ　受付ロボット・ニコット
　　　　1m50cm
　　　　案内ロボット・ナビィ
　　　　1m30cm

▲会津中央病院に配備されたナビィ（左）とニコット（右）。病院内の雰囲気を明るく、親しみやすいものに変える効果がありました。

協力／株式会社テムザック

新しい時代をつくったロボットたち 12

福島第一原発で活躍
Quince【クインス】

　有害物質が発生している災害現場など、人間が作業するのに危険な場所に入り、現場の調査などを行うレスキューロボットです。たくさんついたゴムクローラをうまく使い、がれきの上を進んだり、階段を上ったりします。

　2011年3月の東日本大震災で大きく被災した福島第一原発では、放射線量が高くて危険な原子炉建屋内に入り、放射線量を測ったり、内部の撮影をしたりしました。Quinceの高感度カメラは、建屋内の破損状況を鮮明に映し出し、その後の冷却作業などに大きく貢献しました。

Quince 各部名称

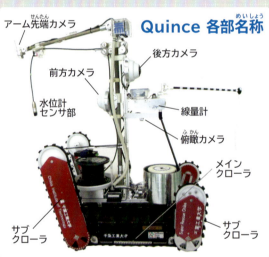

アーム先端カメラ／前方カメラ／水位計センサ部／後方カメラ／線量計／俯瞰カメラ／メインクローラ／サブクローラ／サブクローラ

▲福島第一原発に向けてトラックに積みこまれたQuince（2011年6月20日）。

DATA FILE
- ■デビュー　2010年
- ■全長　　　66.5～199cm
- ■重さ　　　およそ26.4kg

▲Quinceが撮影した福島第一原発3号機の階段（2011年7月21日）。

▲Quinceを原子炉建屋の外から遠隔操作。あえてふつうのゲーム機と同じコントローラを使用し、だれにでも使いやすくしています。

協力／千葉工業大学未来ロボット技術研究センター

新しい時代をつくったロボットたち 13

小型化されたレスキューロボット
T-53 援竜

人が乗って操縦したり、遠隔操作で動かしたりする災害地用のレスキューロボットです。

2004年に登場した世界最大級のレスキューロボットT-52（高さ3.5m）になめらかな動きができる機動性を加え、移動しやすく小型化したものです。

人の腕のような左右のアームを自在に動かして、救助活動のさまたげになっているがれきなどを取りのぞきます。片腕で100kgまで持ち上げることができ、たおれたバイクなども簡単に移動させることができます。

◀頭部や車体の前後左右、そして腕の先にもライトやカメラをつけ、暗い屋内や夜間の救出活動もできるようにしています。

◀ブレーキランプやヘッドライトなどを備えたことにより、ロボットとして初めて車両ナンバーが取得できるようになり、一般の車道の走行も可能です。

DATA FILE
- ■デビュー　2007年
- ■高さ　2.8m
- ■重さ　2.95t

▲北九州市に配備され、がれきを取りのぞくデモンストレーションを行うT-53援竜。

協力／株式会社テムザック

新しい時代をつくったロボットたち⑭

ダンスもできるアンドロイド
HRP-4C【未夢】

若い女性そっくりにつくられたアンドロイドです。すがただけでなく、動きやしぐさも人間の女性によく似ていて「美少女ロボット」とも呼ばれ、「未夢」という愛称で親しまれました。

関節の位置などは19～29歳の日本人女性の平均的な体型に基づいてつくられました。人間が出す音声を認識して反応し、人間をまねして歌を歌ったり、ダンスなども披露。ステージで司会をしたり、ファッションモデルになったりするなど、イベント会場で観客を楽しませました。

▲ロボットとは思えない未夢の顔。この顔は産業技術総合研究所の女性スタッフ5人の顔の形を平均してつくられたそうです。

DATA FILE
- デビュー　2009年
- 高さ　　　158cm
- 重さ　　　43kg

協力／産業技術総合研究所

「ヒューマノイド」「アンドロイド」「サイボーグ」はどうちがう？

ロボットのなかで、ASIMOに代表されるように、人間のすがたや動きに似せてつくられたものが「ヒューマノイド（ロボット）」です（⇒P4）。

ヒューマノイドのなかでも、HRP-4Cのように、特に人間と見分けがつかないほどそっくりにつくられたものを「アンドロイド」と呼びます。メーカーによっては「アクトロイド」（⇒P36）などともいいます。

これに対し、「サイボーグ」は、体の一部を機械などの人工物に置き換えたものです。介護者の負担を減らすために開発された装着型のロボットHAL®（⇒P46）などがこれにあたります。

▲ASIMO　◀アクトロイド　▲HAL®

26

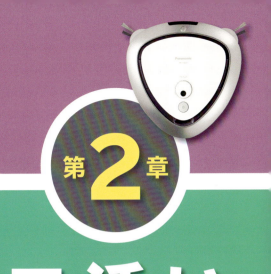

第2章
いろいろな分野で活躍するロボットたち

1 コミュニケーションするロボットたち

人の感情を理解し、自らの感情を表現、成長していくロボット

Pepper【ペッパー】

ソフトバンクロボティクスが家庭やオフィス向けに開発した、感情を認識するヒューマノイドロボットです。ほめられたり、しかられたりしたことを覚え、感情を数値化してよろこびや悲しみを表現します。人とのやりとりを覚えて成長するため、一体ごとにちがう個性を持ちます。また、ほかのPepperが体験したこともクラウド（⇒ P4）を通じて学習します。

▶Pepperは目のまわりの色の変化や、胸のディスプレーで感情を表します。

▲Pepperは握手が上手。相手の手をやさしくにぎり返します。

DATA FILE
- デビュー　2014年
- 高さ　　　121cm
- 重さ　　　29kg

▶足の部分には3つのボール型のローラー（オムニホイール）があり、前後左右に自由に動くことができます。バッテリーの消費量が少なくてすむため、12時間連続の稼働ができます。

協力／ソフトバンク株式会社

こまっている人を見つけて自分から話しかける案内ロボット
EMIEW3 【エミュー・スリー】

駅や空港、イベント会場など、観光客が多く集まる施設で活躍が期待されている案内用ロボットです。質問を受けてそれに答えるだけでなく、こまっている人を見つけて自分から近づいて話しかけるという特徴があります。日本語だけでなく、英語や中国語などにも対応します。

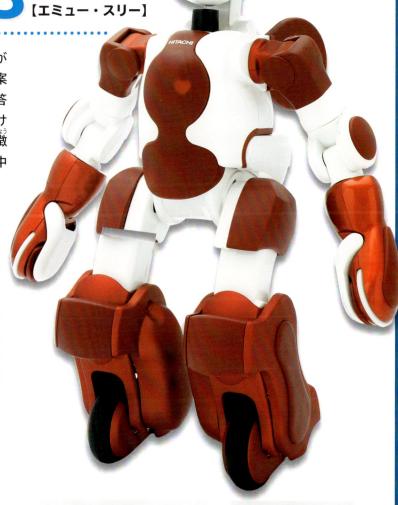

▲案内を必要としている人を見つけると、自分から移動して案内をします。案内がうまくいかなかったときは、次回にはうまくいくように人間のスタッフに助言を求めて学習します。

 ▶  ▶

▲万が一、案内の途中でつまずいて転倒しても、自分で立ち上がることができます。

DATA FILE
- デビュー 2016年
- 高さ 90cm
- 重さ 15kg
- 最大速度 時速6km

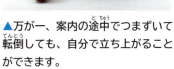

協力／株式会社日立製作所

およそ20カ国語に対応する二足歩行型
NAO【ナオ】

フランスで開発された自律型のヒューマノイドロボット。多くのセンサーやマイク、カメラが内蔵され、人の顔のようすや感情を読み取ったり、全部でおよそ20カ国語で会話することができます。

また二足歩行のすぐれたバランスを持ち、ロボカップサッカーの標準機としても活躍しています。

DATA FILE
- デビュー　　2006年
- 高さ　　　　およそ58cm
- 重さ　　　　およそ5kg

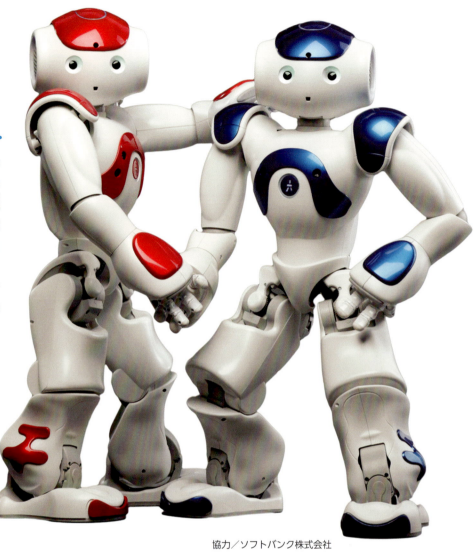

協力／ソフトバンク株式会社

▶世界中のロボット研究家がしのぎをけずるロボットコンテスト「ロボカップ」の2017年名古屋大会のようす。同じ機種を使って人工知能によるサッカー技術を競う標準機部門で、NAOが使用されています。

写真提供／RoboCup Federation

1 コミュニケーションするロボットたち

会話を楽しめる
ロボット型携帯電話
RoBoHoN【ロボホン】

モバイル型のロボット電話です。二足歩行ができるヒューマノイドとしてはとても小さく、いつでもどこでも手軽に持ち運ぶことができます。電話やメール、カメラなどの機能はもちろんのこと、歌ったり、ダンスをしたり、写真や動画をプロジェクターで投影することもできます。

◀ 背中にスマートフォンのような操作パネルがあります。

◀「○○さんに電話して」と呼びかけると、「うん、わかった。○○さんだね」と言って、電話をかけます。

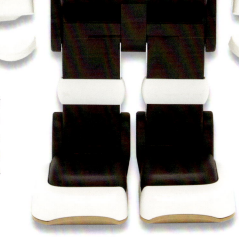

◀ RoBoHoN を呼ぶと、立ち上がって呼ばれた方に歩いていきます。でんぐりがえしをして起き上がることもできます。また、専用アプリを入れると、ビンゴゲームの司会や百人一首の読み上げ、絵本の読み聞かせなど、いろいろなことができるようになります。

DATA FILE
- デビュー　2016年
- 高さ　19.5cm
- 重さ　およそ390g

協力／シャープ株式会社

31

クイズやゲームの司会進行も得意
PALRO
【パルロ】

　高い会話能力を持ち、自分から話しかけるとても人なつっこい小型ロボットです。高齢者施設では、PALRO自身が司会進行役になって、ゲームやクイズ、体操やダンスなど、いろいろなレクリエーションで多くのお年よりたちを楽しませます。全国の高齢者施設などで、1000台以上が活躍しています。

ここがすごい！

　PALROは100人の顔と名前を覚え、好きなものや趣味なども記憶します。相手の好きそうな話題を見つけだして、自分から話しかけます。

「きょうは○○さんのお誕生日ですね。おめでとうございます。」

DATA FILE
- デビュー　2015年
- 高さ　およそ40cm
- 重さ　およそ1.8kg

▲お年よりを楽しませるPALRO。

協力／富士ソフト株式会社

1 コミュニケーションするロボットたち

対話の感覚を楽しめる
卓上ロボット
Sota【ソータ】

まるで人間のように身ぶり手ぶりを交えて会話をする小型ロボットです。顔認識ライブラリーが内蔵され、人の顔を覚え、人の目を見て会話するなど、人間に近い感覚でおしゃべりを楽しむことができます。さらにスマートフォンやタブレットとつながることもできます。

DATA FILE
- デビュー　2015年
- 高さ　　　28cm
- 重さ　　　およそ800g

▶人の目を見て話しかけます。

協力／ヴイストン株式会社

人に寄り添い、
心を通わせる超小型ロボット
KIROBO mini【キロボ・ミニ】

いつでもどこでもいっしょにいたくなる、手のひらにおさまる小さな会話ロボットです。人の表情を認識し、相手の目を見ながら、心に寄り添った会話をすることができます。思い出や好みを覚え、相手に合わせて変化・成長します。

DATA FILE
- デビュー　　　2016年
- 高さ（座高）　10cm
- 重さ　　　　　183g

◀おでかけのときに入る専用バッグもあります。

協力／トヨタ自動車株式会社

② 工場ではたらくロボットたち

アーク溶接の定番
MOTOMAN-AR1440
【モートマン・エーアール1440】

工場でのアーク溶接＊に使われる定番の溶接ロボットです。全部で6つの自由度を持ち、小さな部品でも正確にすばやい溶接をこなします。また3台で協力して作業を行うことも可能です。たとえば2台が溶接する部品をおさえて回しながら、もう1台が溶接をしていくという流れ作業ができます。

＊電気エネルギーの差により、2つの電極の間に発生する高熱を使って、金属を溶かしてつなぎ合わせること

双腕型組み立てロボット
MOTOMAN-SDA10D
【モートマン・エスディーエーテンディー】

人の腕のような2つのアームを持ち、おもに組み立てなどを行うロボットです。片方のアームに7つの自由度を持ち、人のような細かい作業ができます。大きさや形のちがう部品に変わっても、肩の部分にある独自のセンサがはたらいて、同じように組み立て作業を続けることができます。

人間と協力しながら働く
MOTOMAN-HC10
【モートマン・エイチシーテン】

これまでの組み立て用のロボットは、人に接触したり、人の指を関節部分などにはさんだりする危険があるため、安全柵が必要で、場所をとるものでした。このロボットは、人といっしょに働くことができる画期的なもので、柵が不要で人と近いところで作業ができ、少ない作業スペースを実現しました。万が一危険を感じたときは自分で停止します。組み立てのほか、検査や箱詰め作業などに向いています。

◀人にやさしいデザインで、2017年度のグッドデザイン賞を受賞しました。

自由度ってなに？

曲げたり、回転させたりすることができるロボットの軸（関節）の数をいいます。一般的に溶接などを行う産業用ロボットは、下の6つの自由度を持っています。

- S軸（体を回転させる）・L軸（体を前後に動かす）
- U軸（腕を上下に動かす）・R軸（腕を回転させる）
- B軸（手首を上下に振る）・T軸（手首を回転させる）

ちなみに人間には、これと同じ部分（肩から手首）にかけて、全部で7つの自由度があります。

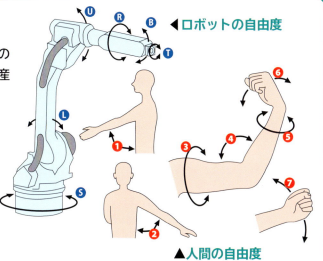

◀ロボットの自由度

▲人間の自由度

協力／株式会社安川電機

③ 人を楽しませるロボットたち

女性の細かいしぐさや表情までリアルに再現
アクトロイド®DER2（ディー イー アール ツー）

　本物の人間のように、細かいところまでリアルに再現したヒューマノイドロボットです。ナレーションをしながらイベントの司会役をつとめるなど、いろいろな場面で活躍します。圧縮空気を使った技術によって、手を持ち上げたり、指を曲げたり、体をくねらせたりする動きがとてもなめらか。また、まぶたを閉じたり開いたり、まつげを上下させたりなど、顔の表情も人間の女性そっくりです。

ここがすごい！

　顔や手の形は、本物の人間の女性からシリコンで型をとってつくります。また笑ったり、驚いたりなどしたときの人間の顔のあらゆる筋肉の動きを撮影し、その写真を参考にしてロボットに表情の変化をつけています。

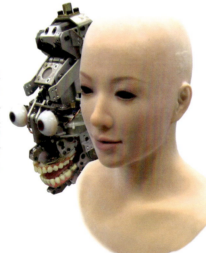

DATA FILE
- ■デビュー　2006年
- ■高さ（身長）　165cm
- ■重さ（体重）　およそ60kg（本体のみ）

協力／株式会社ココロ

▲こちらは同じアクトロイドのなかまがフロントで接客する「変なホテル東京 銀座」。豊かな表情でおもてなししています。また、「変なホテル舞浜 東京ベイ」（左）では、アクトロイドと同じ会社がつくったロボットの恐竜たちが、フロント業務をこなしています。

協力／株式会社エイチ・アイ・エス

本格的なコーヒーをいれるロボット
変なカフェ

　旅行会社エイチ・アイ・エスの店舗内（東京・渋谷）で、一日中コーヒーをいれているロボットです。お客さんからの注文をQRコードで読み取ると、自分で豆をひいてドリップし、紙カップに上手にコーヒーを注ぎます。いれ終わったあとは、1回ごとにフィルターを洗います。

協力／株式会社エイチ・アイ・エス

4 掃除をするロボットたち

部屋を地図化して効率よく掃除する
RULO【ルーロ】

自分で床をきれいにしてくれるロボット掃除機です。独特の三角形（ルーロー形状）や障害物を感知する3種類のセンサーによって、部屋のすみずみまで効率よく掃除することができます。また、ほこりやゴミがたまりやすいところを自分で学習するほか、スマートフォンのアプリを使って、離れたところから掃除をスタートさせることもできます。

ここがすごい！

RULOは、上についたカメラセンサーによって部屋の間取りやレイアウト、自分の位置、通ったあとをマッピング（地図化）します。さらに地図上に記録したゴミのたまりやすいところを重点的に掃除します。

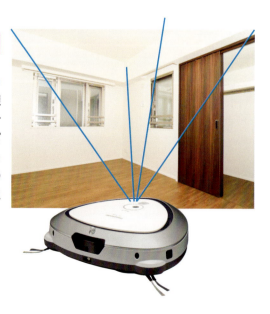

DATA FILE
- デビュー　2015年
- 奥行き　32.5cm
- 重さ　およそ3kg

協力／パナソニック株式会社

水ぶきもからぶきもできる床ふきロボット
ブラーバ380j

　掃除ロボット、ルンバを開発したアイロボット社がふき掃除専用につくったロボット掃除機です。「水ぶき」と「からぶき」の2つのモードがあり、ほこりがたまりやすいフローリングの床などで活躍します。部屋の形や家具の位置などを把握して動くので、部屋全体をすみずみまできれいにします。毎日のほこりや、人の皮脂によるよごれ、床に落ちた食べこぼしのあとなどに対応します。

協力／アイロボットジャパン合同会社

DATA FILE
- デビュー　2014年
- 奥行き　21.6cm
- 重さ　およそ1.8kg

安全に効率よく配水池を調査・清掃する
ザリガニくん

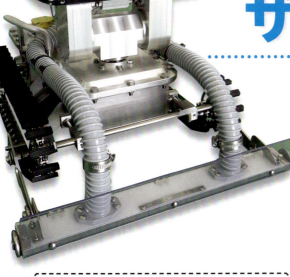

　人の目のとどきにくい、配水池の底を調査したり、清掃したりする水中ロボットです。水を抜く必要がないため、効率的に作業ができます。作業は水の外から監視しながら操作して行われるため、とても安全です。また、底面のようすをビデオカメラで記録することができます。

▶配水池の底面を清掃するザリガニくん。底面のよごれを巻き上げて水質を悪化させないように、細心のくふうがされています。

DATA FILE
- デビュー　2011年
- 高さ　37cm
- 重さ　20kg（気中）

協力／日本水中ロボット調査清掃協会

5 警備をするロボットたち

不審者を見つけ警備員に通報する
Reborg-X
【リボーグ‐エックス】

施設内の地図を記憶し、自動で巡回を行うロボットです。センサで人の顔を認識することができるため、不審者の早期発見に貢献します。内蔵のカメラがとらえた映像はすぐに警備員の端末に送られ、情報を共有できます。

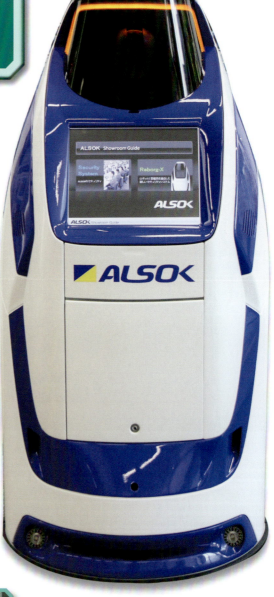

◀夜の巡回をするReborg-X。多くのセンサを駆使して、異常がないかを確認します。

◀バッテリーがなくなってくると、自分で判断して充電器で充電します。

◀ディスプレーで人とコミュニケーションをとります。外国語で対応することもできます。

DATA FILE
- デビュー　2015年
- 高さ　145cm
- 重さ　140kg

協力／ALSOK 綜合警備保障株式会社

不審者にカラーボールをお見舞い
T-63 アルテミス

人感センサーや炎センサーを内蔵し、不審者や火事を警備センターなどに通報する警備ロボットです。不審者に対しては、視界をさえぎる霧を噴射してたちこめさせたり、マーキングインキ入りのカラーボールを相手に向かって発射することができます。

◀ ビルを巡回するT-63 アルテミス。カラーボールは胸のところにあいた穴から2個発射できます。

DATA FILE
- デビュー　2004年
- 高さ　157cm
- 重さ　およそ100kg
- 歩く速さ　最高時速7km

協力／株式会社テムザック

不審者・不審物への警戒と道案内や迷子の捜索も
セコムロボットX2／X3

夜間に無人になる施設などを、警備員の代わりに自動で巡回するのがセコムロボットX2。不審物を発見すると、赤外線センサー、熱画像センサー、金属探知機を内蔵したアームをのばして安全の点検をすることができます。
　警備だけでなくコミュニケーション能力を持つのがセコムロボットX3。人ごみでも安全に走行し、道案内や迷子の捜索などもできます。

セコムロボット X2

セコムロボット X3

DATA FILE
- X2　デビュー　2018年（予定）
  - 高さ　およそ122cm
  - 重さ　230kg
- X3　高さ　135cm
  - 重さ　80kg

◀ 不審物にアームをのばして、危険なものかどうかを調べています。

協力／セコム株式会社

6 災害現場で活躍するロボットたち

要救助者をいちはやく車内に収容
ロボキュー

レスキュー車両や救助隊員が入るのが困難な災害現場で、無線操縦によって救助活動を行うロボットです。クローラで要救助者がいるところまで進み、腕のようなはたらきをするマニピュレータと車体の下に格納されているコンベアを使い、要救助者を車内に収容し、安全なところまで運びます。

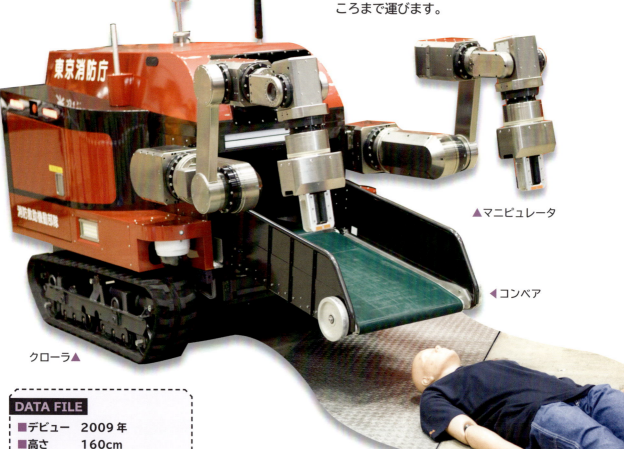

▲マニピュレータ

◀コンベア

クローラ▲

DATA FILE
- デビュー　2009年
- 高さ　　　160cm
- 全長　　　1.9m
- 重さ　　　およそ1.5t

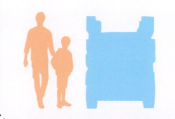

◀車体についたたくさんのカメラからの映像を見ながら、操作台でコントロールします。

協力／東京消防庁

危険な火災現場に入り、消火活動をするロボット
ドラゴン

大規模な火災や、爆発の危険があるなど、救助隊員が近づきにくい災害現場に出動します。無線による操縦で、毎分5000ℓの放水や泡放射を行うことができます。でこぼこの道や坂道でもクローラで力強く進みます。「ドラゴン」は愛称で、正式には「無人走行放水車」といいます。

◀車体の上部についているノズル（噴射口）。毎分5000ℓの水が勢いよく噴射されます。

協力／東京消防庁

DATA FILE
- デビュー　2007年
- 高さ　　　190cm
- 全長　　　3m
- 重さ　　　およそ2.5t

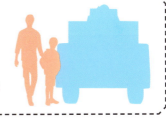

Quinceの後継機
櫻弐號（サクラニゴウ）

Quince（→P24）の経験を生かして千葉工業大学が新たに開発した、原発用のロボットです。防塵（ちりやほこりが入るのを防ぐこと）、防水にすぐれ、傾斜が45度の階段の上り下りができます。また、照明とカメラがついた作業用大型アームを備えています。

▲がれきを乗りこえる能力はQuinceゆずり。

DATA FILE
- デビュー　2013年
- 高さ　　　180cm
- 全長　　　72～104cm
- 重さ　　　48kg（本体）

協力／千葉工業大学未来ロボット技術研究センター

7 医療・福祉に役立つロボットたち

人の手のように動く手術ロボット
da Vinci
【ダビンチ】

患者の負担を小さくする手術支援ロボットです。患者の体に開けた小さな穴から、内視鏡カメラとロボットアームの先につけた鉗子＊を入れ、カメラからの3D画像を見ながらアームを遠隔操作します。そのため医師は、まるで直接メスを入れるような感覚で手術を行うことができます。傷口が小さくすむため、出血や術後の痛みが少なく、患者の早い社会復帰が期待できます。

＊ものをつかんで引っぱるのに使う小さな手術道具

ここがすごい！

ロボットアームの先にある鉗子。自由な方向に動かすことができ、米つぶをつかむような繊細な動きが可能です。

▲ロボットアーム

▲ペイシェントカート

▶手術を担当する医師がすわる「サージョンコンソール」と呼ばれる装置。医師はここでモニターの3D画像を見ながらマスターコントローラを動かし、ペイシェントカート（手術台）のロボットアームに伝えます。

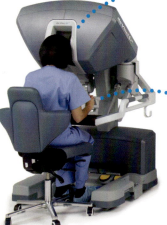
▲サージョンコンソール

▲患部とロボットアームの3D画像

▲マスターコントローラ

協力／© インテュイティブサージカル合同会社

病院内の搬送を いつでも行うロボット
HOSPI
【ホスピー】

病院内で薬品や機材、検体＊などを必要な場所に運ぶ自動搬送ロボットです。あらかじめインプットされた病院内の地図に基づき、人や障害物をよけながら廊下を進んだり、自分からエレベーターに乗ったりします。夜間などの医療スタッフの労働を大きく軽減します。

＊検査のために人体から採取されたもの

▲おなかのあたりにあるふたを開けると、薬品などを出し入れする収納庫になっています。IDカードによるセキュリティで守られているため、スタッフ以外の人が開けることはできません。

▲夜の病院内を移動するHOSPI。ロボットなので24時間対応が可能です。

DATA FILE
- デビュー　2013年
- 高さ　　　およそ135cm
- 重さ　　　およそ170kg
- 移動速度　毎秒1m

協力／パナソニック株式会社

意思の信号を読み取って介護者をアシスト
HAL®
【腰タイプ介護支援用】

　HAL®は、人の体に装着することで、身体機能を補助したり、改善したりすることができるロボットスーツのシリーズです。【腰タイプ介護支援用】は、要介護者を抱きかかえて移動させるときの負担を軽くし、介護者の腰痛発生リスクを減らすことができます。

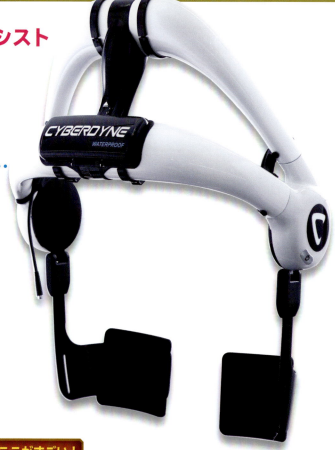

Prof.Sankai,University of Tsukuba/CYBERDYNE Inc.

Prof.Sankai,University of Tsukuba/CYBERDYNE Inc.

▲介護者の腰に装着したところ。要介護者を移動させるのに、もっともきつい作業といわれる入浴介助に対応するため、防水機能があります。

ここがすごい！
　人が体を動かそうとするとき、脳から筋肉へ信号が送られますが、このとき同時に「生体電位信号」が体表にもれ出てきます。HAL®はこのごくわずかな信号を読み取り、動きをサポートします。つまり、装着している人がどのような動きをしたいかをHAL®は感じ取り、その手助けをしているのです。

自分で食事をすることをサポート
マイスプーン

　手の動きが不自由な人が、自分の力で食事をとることができるように開発されたロボットです。あごでジョイスティック（コントロール用のレバー）を操作することで、スプーンとフォークを使って上手に食べものをつかみ、口元へと運びます。慣れてくると、豆腐のようなつかみにくいものも、つかめるようになります。

協力／セコム株式会社

46

7 医療・福祉に役立つロボットたち

自分の体を動かすように直感的な操縦が可能に
T-HR3

楽器を演奏するパートナーロボット（⇒P19）の次の世代としてトヨタ自動車が開発した、お年よりや体の不自由な人の生活をサポートするロボットです。マスター操縦システムに人が入り、まるで自分の体を動かすように直感的に操作することができます。家庭や医療機関、災害地、建設現場などでの活躍が期待されています。

▶マスター操縦システム。ロボットから送られる立体映像を見ながら、まるで操縦者の分身のようにロボットをなめらかに動かすことができます。

ここがすごい！

操縦者の動きをロボットに伝えるだけでなく、ロボットが外から受ける刺激がフィードバックされて操縦者がそれを感じることもできます。たとえば、ロボットがゴムボールを持つと、それがどのくらい軟らかいかを、操縦者が操縦システムを通じて感じることができるのです。

DATA FILE
- デビュー　2017年
- 高さ　　　154cm
- 重さ　　　75kg
（ロボット本体）

協力／トヨタ自動車株式会社

7 医療・福祉に役立つロボットたち

自力の歩行回復を支援
ウェルウォーク WW-1000

　脳の病気などが原因で、下半身がまひして動けなくなった人の、歩行回復の練習を支援するロボットです。装着したロボット脚が、まひの状態に合わせてひざの曲げ伸ばしなどを補助します。また、大きなモニターで、自分の歩く姿勢などをチェックしながらリハビリを行うことができます。高齢者が自分で歩き、自立した生活を送ること、そしてそれによって介護する人の負担を減らすことが、期待されています。

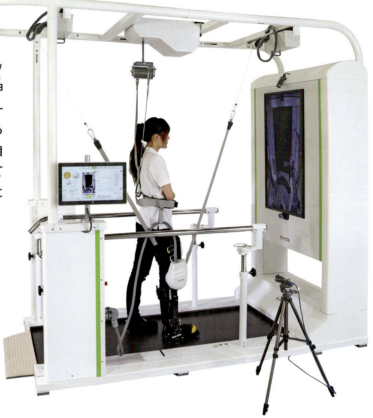

▲ロボット脚

▶ウェルウォーク WW-1000 で歩行回復訓練を受ける人。自分の足で歩くよろこびが早い回復をもたらすといわれています。

協力／トヨタ自動車株式会社

第3章
どうなる？未来のロボット、そしてAI

どうなる？ 未来のロボット

日本だけでなく、いま世界にもロボット化の波がおしよせています。IT技術がどんどん進化していく中で、これから開発されるロボットはどんな目的でつくられ、どんな役割をになっていくのでしょうか？　その答えを見つけに、未来ロボティクス学科で多くの学生がロボットづくりをめざしている千葉工業大学の研究室におじゃましてみました。

 ## 人間のサッカーチャンピオンに勝つ

初めに、千葉工業大学のロボット研究について少しご紹介しておきます。

みなさんは「ロボカップサッカー」という国際的なロボット競技大会を知っていますか？　これは、自分で考えて動く自律移動型ロボットのサッカーの技術を競う世界大会です。「2050年までに人間のサッカー世界チャンピオンチームに勝つ」というわかりやすい目標のもとに行われています。1997年に名古屋で第1回大会が開催されたあと、世界各国で開かれ、2018年にはカナダのモントリオールで22回目が開催されます。

▶ 2017年のロボカップ名古屋大会ヒューマノイドリーグキッドサイズ部門で健闘するCIT Brainsチーム。
写真／RoboCup Federation

乗り物か？ 甲虫か？ 野生動物か？

　fuRo の研究室のドアを開けると、そこには見たことのないような光景がひろがっています。8本のタイヤを持つ、やや赤みをおびた金色の小さな車両が床面をなめらかに行ったり来たり。そして急に立ち止まったかと思うと、きれいにならんだ8つのタイヤが変形を始め、8本の脚を持つ虫の形へと変身していきます。そして今度は8本の脚を交互に持ち上げながら歩き始めます。そのすがたは甲虫そのものです。

　甲虫の横にはどこか野生動物のような顔つきをした、メタリックなロボットが、甲虫に目もくれず、さっきからひたすらだれかを待っています。やがて主人のすがたを見つけるや、すーっと床面をすべるように進んでいきます。そして主人のわきに身をよせると、体の一部が変形を始め、バイクのような乗り物に変身していきます。さらには主人を乗せての軽快な走り。そのすがたは少しけなげで、どこか映画『スター・ウォーズ』に出てくる R2-D2 を思わせます。

　「主人」というのは、この未来型ロボット「CanguRo」(イタリア語でカンガルーの意味)の開発にたずさわった奥村悠博士です。

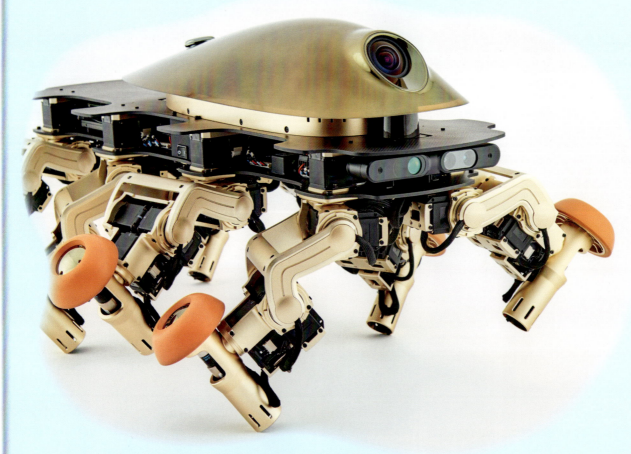

▲ 8本の脚を交互に動かし、甲虫のような歩き方をする Hulluc Ⅱ χ。Photo/Seiji Mizuno

この大会で、これまで輝かしい成績を残してきたのが千葉工業大学です。世界的には、「CIT Brains」のチーム名で知られています。小型ロボットの技を競うヒューマノイドリーグキッドサイズ部門のテクニカルチャレンジの部では、2016年に5連覇を達成するなど、その技術力は世界的に有名です。

人のくらしに役立つこと

　2003年に千葉工業大学に開設された「未来ロボット技術研究センター（fuRo）」は、これまでロボットを人間の生活にいかに役立てるかをテーマに、最先端のロボット開発に取り組んできました。災害のときに活躍が期待されるレスキューロボットも研究のおもなテーマのひとつで、災害救助のスピードと技術を競う、ロボカップのレスキューロボットリーグでも好成績をおさめています。
　2011年3月、東日本大震災の津波によっておこった福島第一原子力発電所の事故では、高い放射能が心配されて現地調査が困難を極めました。
　そこでfuRoは、開発段階にあったレスキューロボット「Quince（⇒P24）」を福島第一原発用に改造し、現地へと送り出しました。
　もともとがれきなどを乗り越える高い能力を持つQuinceは、震災発生からおよそ3カ月後に福島第一原発の建屋内に入り、自分で階段を上って、内部の線量データや鮮明な画像を撮影して送り、その後の原子炉の冷却作業に大きく役立ちました。
　fuRoでは、Quinceが得た貴重な体験を生かし、福島第一原発への投入を目的とした新たなレスキューロボットの研究に取り組むなど、人間のくらしに役立つロボットづくりを続けています。

▲階段を上るQuince。合計6つの独立したクローラを使い、がれきの上や段差、階段なども難なく上っていきます。

まるで「機械生命体」

奥村博士はfuRoのなかで、おもに移動型ロボットについて研究しています。メタリックに輝く甲虫のような移動ロボットHullucシリーズもおもに担当してきました。

ヒューマノイドロボットと乗り物との融合について考えてきたfuRoと奥村博士は、2018年7月にこのCanguRoをマスコミで発表し、大きな話題となりました。パートナーから乗り物へとトランスフォーム（変形）するようすは、まるで「機械生命体」とでもいうように、とてもインパクトのあるものでした。

◀「ライドモード」のCanguRo。
Photo/Yusuke Nishibe

2つのモードで生活を変える

CanguRoの特徴は、移動する手段（ライドモード）としてだけでなく、よきパートナー（ロイドモード）にもなるロボットであることです。

ライドモードでは、150度という広い視野でまわりの空間を認識し、障害物などをよけながら加速。乗り手が体をかたむけるだけで自分を変形させてカーブを曲がったり、旋回したりするなど、移動機能と感覚機能の両方で人と一体化します。

またロイドモードでは、主人のあとをついてきて、必要な情報を発信するなど、パートナーとしてけなげに働きます。

これまでのロボットになかった、この2つのモードを持つCanguRoは、国が2020年東京オリンピックを見据えて構想する「ロボット特区」での活躍が期待されています。

▲「ロイドモード」のCanguRo。
Photo/Yusuke Nishibe

fuRo が思い描く未来のロボット

　fuRo がめざしているのは、「ものづくり」ではなく、「ものごとづくり」だと奥村博士は言います。たとえば、スマートフォンが、電話機だけでなく、いろいろな楽しみを生んだように、ただ便利にしたり、小型化したり、使い勝手をよくしたりすることではなく、そこに新しい楽しみを生み出すことが「ものごとづくり」の発想です。

　CanguRo は最初、高齢者の移動手段として研究されました。しかし、これまでのような、いかにもお年より向けではなく、若い人もほしがるようなファッショナブルなものにという考えから、「機械生命体」ともいえる近未来的なかたちになりました。

　博士は言います。「ニーズを受けてそこで何かをつくって終わりではなく、それをツールとして、その先に新しい魅力的な文化を生み出すことが大切なんです」。

　いま小学生や中学生向けにロボット博士養成講座を持つ奥村博士。わくわくするようなロボットをつくって、不可能だったことを可能にする、そして人の役に立ち、人の心をもっと豊かにする……そんな夢を子どもたちに持ち続けてほしいと考えています。

▲ fuRo の二足歩行ロボット morph3。（morph3 は、科学技術振興機構 ERATO 北野共生システムプロジェクトと工業デザイナーの山中俊治氏が共同開発したロボットです。2003 年 6 月 1 日より morph3 の研究開発チームが千葉工業大学未来ロボット技術研究センター（fuRo）へ移籍し、継続して研究開発が行われています。

▶自ら研究にたずさわったHulluc Ⅱχ（ハルクツーカイえんかくそうさ）を遠隔操作する奥村悠博士。幼児期に『機動戦士ガンダム』に出会って衝撃を受けたことがロボット研究のきっかけになったとか。小学3年生くらいのときには、すでに独学でロボットのプログラムを書くまでになったといいます。いま、ロボットの研究のかたわら、小学生や中学生にロボットづくりやプログラミングを教えています。

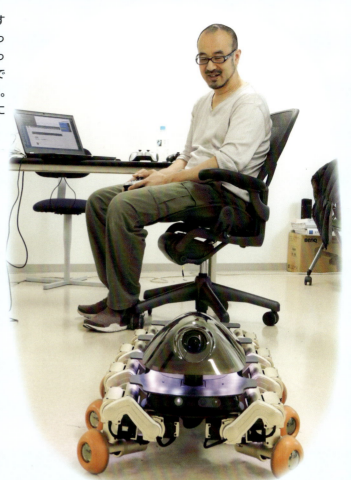

◀博士が受け持っているロボット講座で、実際にプログラミングなどを指導している二足歩行ロボット。

◀奥村博士がおもに研究にたずさわった大型二足歩行ロボットのcore。運ぶことができる荷物の重さは、およそ100kgで世界最大級です。

▲千葉工業大学津田沼キャンパスにそびえる未来ロボット技術研究センターfuRoの研究棟。個性的なロボットがここで生み出されていきます。

AIってなんだろう？

最近「AI」という言葉がよく聞かれるようになりました。「人工知能」と訳されるこのAIは、ロボット工学と切っても切り離せない存在で、これからの世の中を大きく変えていく可能性を秘めています。ここではこのAIについて見てみましょう。

 ## AIってどんなもの？

　最近、よく新聞やテレビなどに取り上げられるこの「AI」という言葉。これは、Artificial Intelligence の略で、「人工知能」と訳されます。

　知能は本来、人間に備わっているものですが、AIとは文字通り、「人間の手で知能をつくり出したもの」ということになります。するとコンピューターと同じもののように聞こえますが、AIとコンピューターは根本的に異なります。

　1秒間に1億×1億回（1京回）計算ができるといわれるスーパーコンピューター。この最新鋭の計算機を含め、コンピューターというものは人間が計算の手順（プログラム）を指示してはじめて有効にはたらきます。これに対してAIは、人間がプログラミングしたり、指示を出したりしなくても、クラウド（⇒ P4）上にひろがるぼう大なデータの中から必要な情報を拾い集め、自分でもっとも効率のよい方法を見つけだして、物事を認識したり、判断したり、計算して答えを導きだしたりすることができるのです。

ねこの耳はとがっている?

　では、AIはどのようにしてクラウド上のデータから必要な情報を得ているのでしょう。たとえば、よく引き合いに出されるのが、ねこの画像の認識です。

　人間はねこというものを感覚的に知っているので、幼い子でも、ねこを見て「あっ、ねこだ」とすぐに認識できます。そこでは、「耳がとがっている」とか「ひげがある」といった、ねこの見た目の特徴について考えることはなく、全体を感覚的にとらえます。たとえ耳がとがっていない種類のねこでも、感覚でねこと判断できるのです。

　一方、AIには、感覚的にものを認識する能力はありません。AIは、クラウド上に存在する画像や動画の中から、「耳がとがっている」「ひげがある」などの手がかりをもとに、目の前にいるものについて「これはねこだ」「これはねこではない」とひとつひとつ検証しながら判断していきます。

　一度見分けた画像は知能に蓄えられるので、見た数だけ賢くなっていくのがAIのすごいところです。たとえば「ねこの耳はとがっている」と覚えたAIが、耳がとがっていない種類のねこを見て、一度は「これはねこではない」と判断するかもしれません。しかし、その後で耳がとがっていないねこの種類があることを知り、これもねこの一種だと気づいて学習していくのです。こうしたことを積み重ねるうちに、AIはどんどん知識の引き出しを自分で増やしていきます。これが「ディープラーニング（深層学習）」と呼ばれるものです。

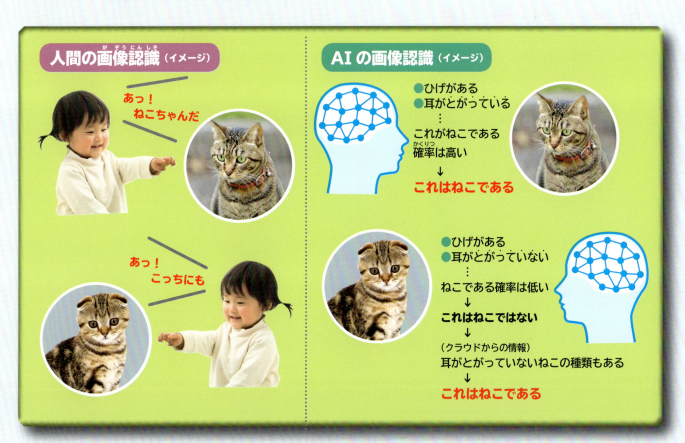

囲碁やゲームでは人間をリード

　AIは囲碁やゲームの世界などでもその力を発揮しています。
　1990年代にチェス専用のコンピューターが当時のチェスの世界王者と互角に勝負を展開しました。2017年3月には、AIの囲碁ソフト「DeepZenGo」が日本のトップ囲碁棋士、井山裕太七冠に勝利しています。なぜAIはこんなに強くなれるのでしょう？
　その答えは、AIは、過去のありとあらゆる対戦データを知識として習得することができるため、局面や状況に応じたすばやい予測や展開が可能だからです。こうした過去の結果などを集めて知識として蓄えたものを「ビッグデータ」といいます。
　デビューから快進撃を続けている将棋の藤井聡太七段（2018年5月現在）は、将棋ソフトを積極的に活用して急速に力をつけたといいます。まさに「AI時代の申し子」と呼ばれるゆえんです。

▲囲碁の井山裕太七冠（写真右）とAI囲碁ソフト「DeepZenGo」が対戦（2017年3月）。
写真提供／日本棋院

AIはどう役立つのか

　ではAIは、わたしたちの生活にどのように役立っていくのでしょう？
　AIが有効に活用されると思われる分野に、まず車の自動運転があります。高性能のカメラやレーダー、センサーにより、AIが周囲の状況を3D画像で高速処理し、危険などを察知して安全運転します。まだ完全な無人運転とはいかないまでも、運転手が乗った状態の自動運転はすでに実現されつつあります。
　また、医療もAIの活躍が期待される分野です。2016年8月、AIが白血病患者の命を救ったというニュースが医療界を驚かせました。過去の症例や論文を参考にぼう大なデータと照らし合わせなければ導けなかった病名を、AIがものの10分でつきとめたと

▲自動運転車のイメージ。

いうのです。過去のビッグデータとの照合は、まさにAIの得意分野といえます。

また、わたしたちの身のまわりにある家電製品にも、AIが導入されてどんどん進化し、使いやすくなってきています。

▲データ入力の仕事のイメージ。

 AIによってなくなっていく職種とは

2013年、イギリスの研究者が衝撃的な論文を発表しました。『雇用の未来』と題されたその論文には、今後10～20年のうちに消えてしまうという職種がランキングで示されているのです。

たとえば、データ入力や、銀行の窓口、スポーツの審判などの仕事が消える確率は98％を超えるといいます。レジ係や集金、受付、電話のオペレーターなどもリストに入っています。

反面、人を説得する仕事や条件などを交渉する仕事は残る可能性が高いといいます。個人のオリジナリティが求められる仕事ほど、なくなりにくいということのようです。

また、少子高齢化を背景に、介護や物流の現場など、これまで人間の労働力にたよっていた分野も、すでにロボットやドローン（無人航空機）にとってかわってきています。

 AIが人の頭脳を超える？

実はAIは、気がつかないうちに、わたしたちのふだんのくらしにも入りこんできています。

たとえばネット通販を利用すると、「こちらもおすすめです」とちがう商品をすすめられることがあります。実はこれもAIによるもので、わたしたち消費者の好みの情報が、わたしたちの知らないところでどんどんビッグデータに蓄えられ、利用されています。

コンビニなどの商品の並べ方もAIのビッグデータが関係しています。わたしたちが何かを買うとき、自分で物を選んでいるつもりが、実は選ばされているともいえます。もっといえば、人間がAIによって「動かされている」のです。

みなさんは「シンギュラリティ（技術的特異点）」という言葉を聞いたことがあるでしょうか？

これは、今後AIがより高度化することによって、人間の脳の限界を超えることを表します。極端に言えば、文明を担っていく主役が人間からAIに移行することを指しているのです。アメリカのある未来学者は、このシンギュラリティは2045年前後に起こるだろうと予測しています。

これは極端な見方ともいえます。しかし、将来に向けて人間がAIの使い方に慎重にならなければならないのは、間違いないことでしょう。

ロボット開発の歩み

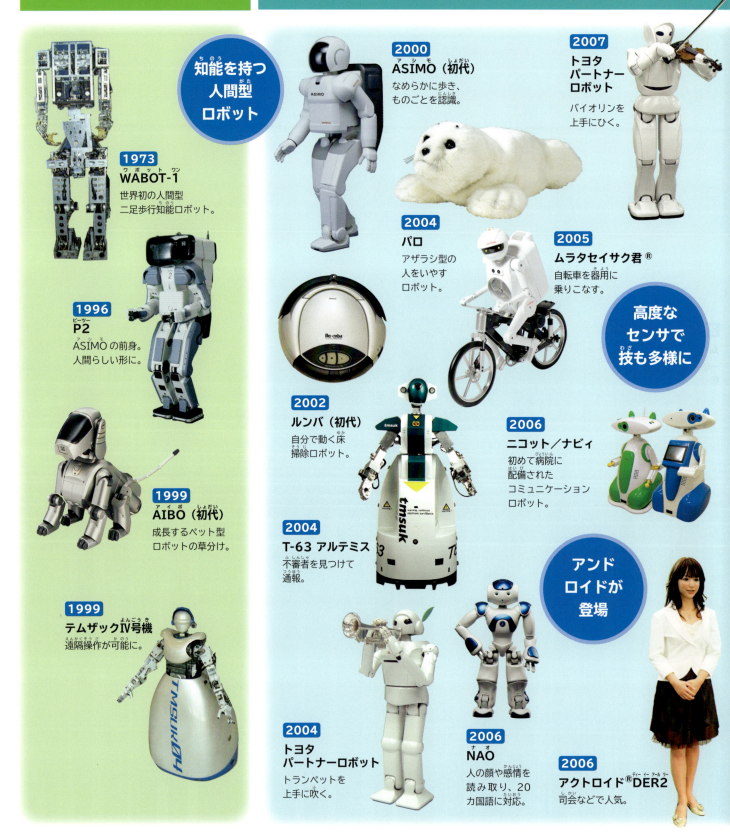

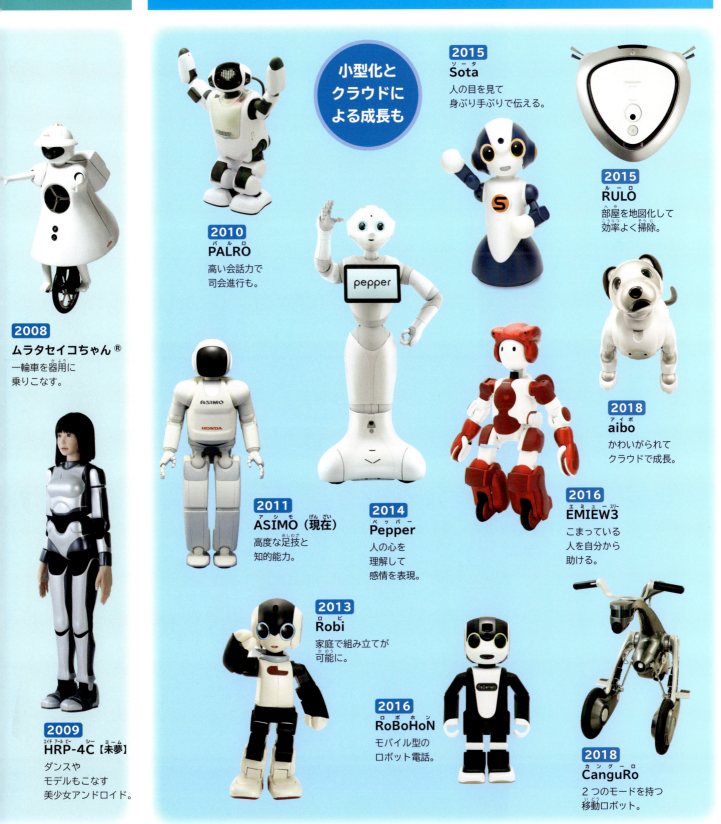

日本のロボット　くらしの中の先端技術

さくいん

 あ

aibo（AIBO）　4・16・60・61
アクトロイド® DER2　36・60
ASIMO　4・8・14・15・60・61
アンドロイド　26・60・61

 う

ウェルウォーク WW-1000　48

 え

AI　56・57
HRP-4C【未夢】　26・61
EMIEW3　9・29・61

 お

オートマタ　7

 か

學天則　7
川崎ユニメート（2000）　8・12
CanguRo　52・53・61

 き

KIROBO mini　33

 く

Quince　4・24・51
クラウド　4・17・56・57
クローラ　4・51

 **こ**

core　55

 さ

サイボーグ　26
櫻弐號　43
ザリガニくん　39
産業型ロボット　9

 し

自動運転　58
ジャイロセンサ　21
自由度　35
シンギュラリティ　59
人工知能　56・57

 せ

セコムロボット X2／X3　41
センサ（センサー）　4・9・16

 そ

Sota　33・61

 た

da Vinci　44

 ち

茶運び人形　7

 て

T-HR3　47
T-53 援竜　25
T-63 アルテミス　41・60
DeepZenGo　58
ディープラーニング　57
テムザックⅣ号機　13・60

と

トヨタパートナーロボット　19・60
ドラゴン　43

 な

NAO　4・30・60
ナビィ　23・60

 に

ニコット　23・60

は

HAL®【腰タイプ介護支援用】　46
Hulluc Ⅱ χ　52・55
PALRO　4・32・61
パロ　18・60

 ひ

非産業型ロボット　9
美少女ロボット　26
ビッグデータ　58・59
ヒューマノイド　4・26

 ふ

fuRo　51・52・53・54・55
ブラーバ380j　39

へ

Pepper　4・28・61
変なカフェ　37
変なホテル　37

ほ

HOSPI　45

 ま

マイスプーン　46
マッピング　38

 む

無人走行放水車　43
ムラタセイコちゃん®　21・61
ムラタセイサク君®　21・60

 も

MOTOMAN-AR1440　34
MOTOMAN-HC10　35
MOTOMAN-SDA10D　34
morph3　54

 り

Reborg-X　40

 る

RULO　38・61
ルンバ　20・60

 ろ

Robi　22・61
ロボカップサッカー　30・50
ロボキュー　42
『ロボット（R.U.R.）』　6
ロボットスーツ　46
RoBoHoN　31・61

 わ

WABOT-1　8・13・60
WABOT-2　13

千葉工業大学東京スカイツリータウン® キャンパス

監修
奥村 悠 おくむら ゆう
（千葉工業大学
未来ロボット技術研究センター）

1976年 神奈川県藤沢市生まれ。青山学院大学理工学部卒業。幼少期からロボットの魅力にとりつかれ、「ロボットギーク」がそのままロボット研究者に。千葉工業大学未来ロボット技術研究センター（fuRo）で工学博士、モーションデザイナーとして活躍中。工業デザイナー、山中俊治氏らと未来志向のロボット開発を目指す。これまでに携わったロボットに、morph3、core、Hull、HallucⅡ、CanguRo などがある。

構成・文
グループ・コロンブス
（鎌田達也）

装丁・デザイン
千野 愛

イメージ画像
PIXTA

校正
滄流社・鷗来堂

調べる学習百科

日本のロボット
くらしの中の先端技術

2018年9月30日　第1刷発行
2019年8月31日　第2刷発行

監　修　奥村　悠
発　行　岩崎弘明
編　集　河本祐里
発行所　株式会社岩崎書店
　　　　〒112-0005　東京都文京区水道1-9-2
　　　　電話（03）3812-9131（営業）／（03）3813-5526（編集）
　　　　振替 00170-5-96822
　　　　ホームページ：http://www.iwasakishoten.co.jp
印刷・製本　大日本印刷株式会社

©2018 Group Columbus
ISBN:978-4-265-08630-6　　64頁　22×29cm　NDC548
Published by IWASAKI Publishing Co.,Ltd.　　Printed in Japan
ご意見ご感想をお寄せください。e-mail : info@iwasakishoten.co.jp
落丁本・乱丁本は小社負担でおとりかえいたします。

本書のコピー、スキャン、デジタル化等の無断複製は著作権法上の例外を除き禁じられています。本書を代行業者等の第三者に委託してスキャンやデジタル化することは、たとえ個人や家庭内での利用であっても一切認められておりません。

どんなロボット？

いろいろなロボットの一部が見えています。どんなはたらきをするロボットかわかりますか？（右下のページを見てみましょう）

P.28

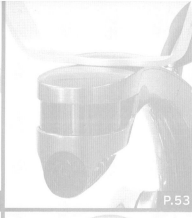
P.53

P.46

P.7

P.13

P.17

P.18

P.20

P.21

P.26

P.22

P.36

P.41

P.43

P.47

P.45

P.30

P.24

P.13